生物技术科普绘本
生物制造卷

奇妙的世界生物制造界

新叶的神奇之旅 IV

中国生物技术发展中心　**编著**

科学顾问　谭天伟

科学普及出版社

·北　京·

人物介绍

纤维素

半纤维素

木质素

秸秆三姐妹

学　　名：纤维素、半纤维素、
木质素

简　　介：秸秆主要由纤维素、
半纤维素和木质素等
复杂的多糖和有机化
合物构成。

小纤

学　名：纤维素酶

简　介：纤维素酶是一类能够降解植
物细胞壁中纤维素和半纤维
素的酶。纤维素酶在自然界
中由一些微生物、真菌和多
细胞生物产生，在生物质降
解、生物燃料生产、纸浆和
纸张工业等领域中具有重要
作用。

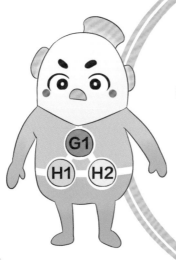

酒圆圆

学　名: 酿酒酵母
简　介: 又称"面包酵母"，是与人类联系最广泛的一种酵母。在生活中，它主要用于制作面包、馒头等食品及酿酒。

醇醇

学　名: 乙醇
简　介: 乙醇是一种有机化合物，是最常见的醇类化合物，也是一种广泛应用于工业、医疗、能源和社会生活的重要化学品。

小黑

学　名：废弃食用油
简　介：泛指在生活中存在的各类劣
质油，如回收的食用油、反
复使用的炸油等。废弃食用
油来源主要为城市大型饭店
下水道的隔油池。长期食用
可能会引发癌症，对人体的
危害极大。

小脂

学　名：脂肪酶
简　介：脂肪酶是一种催化脂
肪水解的酶，作用原
理是将脂肪分子中的
酯键水解，生成脂肪
酸和甘油。

甲甲

学　名: 甲醇

简　介: 又称羟基甲烷，是一种有机化合物，是结构最为简单的饱和一元醇，其化学式为 CH_3OH 或 CH_4O。

小超人

学　名: 生物柴油

简　介: 是指植物油（如菜籽油、大豆油、花生油、玉米油、棉籽油等）、动物油（如鱼油、猪油、牛油、羊油等）、废弃油脂或微生物油脂与甲醇或乙醇经酯化转化而形成脂肪酸甲酯或乙酯。生物柴油是典型的"绿色能源"，具有环保性能好、发动机启动性能好、燃料性能好、原料来源广泛、可再生等特性。

目 录

 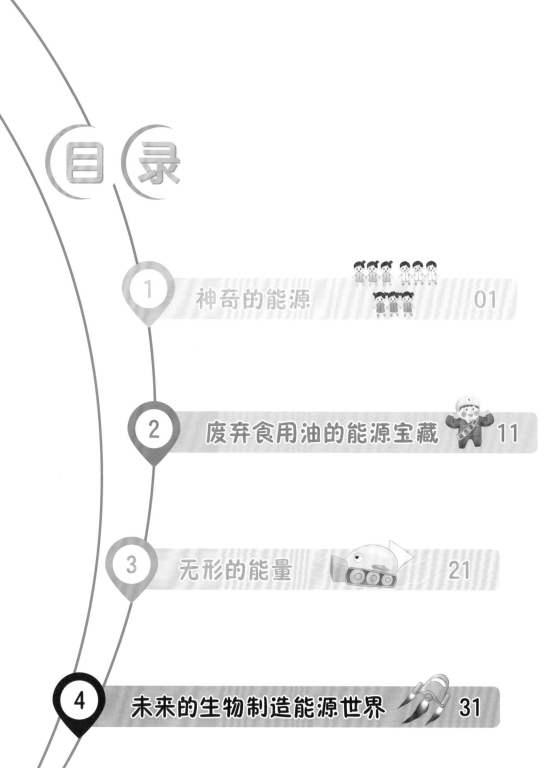

1.神奇的能源

文/王 凯 陈必强

图/赵 洋 纪小红

燃料的对决

　　一个现代化的加油站出现在我们的视野中，这里不仅有我们常见的化石燃料，还有一种神秘的新型燃料——生物质燃料。

谭爷爷：新叶，你看那辆正在加 92# 汽油的汽车，它使用的就是化石燃料。
　　　　这些燃料源自地球深处，从石油和煤炭中提炼而来。但这些资源
　　　　是有限的，如果我们持续使用，总有一天会用尽。

新　叶：谭爷爷，那我们以后的汽车怎么办呢?

《 **新叶词典** 》

生物质燃料：从生物材料或生物质（如植物、动物和微生物）中提取的可再生能源。这些燃料可以是固态、液态或气态，主要用于发电、供暖和运输，如生物乙醇、生物柴油、生物氢气等。

谭爷爷：你看那辆正在加 E10 的汽车，它使用的是由 10% 生物质乙醇添加的燃料。生物质乙醇是由我们种植的农作物，比如玉米、小麦等的秸秆为原料，经过微生物转化得到的，是可持续的能源。

新　叶：那可太好啦！谭爷爷，那些正在充电的汽车是新能源汽车吗？

谭爷爷：真聪明！它们使用的电能源自生物质发电。这样不仅实现了能源的可持续利用，而且大大减少了对环境的污染。

利用秸秆的潜力

半纤维素

木质素

纤维素

　　谭爷爷和新叶乘坐汽车在一个生物质乙醇工厂附近停了下来，走进了工厂的实验室。

谭爷爷：新叶，你看这个秸秆，它其实是个宝藏。它由纤维素、半纤维素和木质素（三姐妹）组成，通过对秸秆进行预处理以及发酵等流程就可以得到生物质燃料乙醇啦。

新　叶：谭爷爷，好神奇呀，那它们是如何转化的呢？

谭爷爷：先给你讲一讲秸秆的预处理吧。这一过程可以将秸秆转化为糖分子哦。首先，我们用研磨机和反应釜对秸秆进行处理，这样三姐

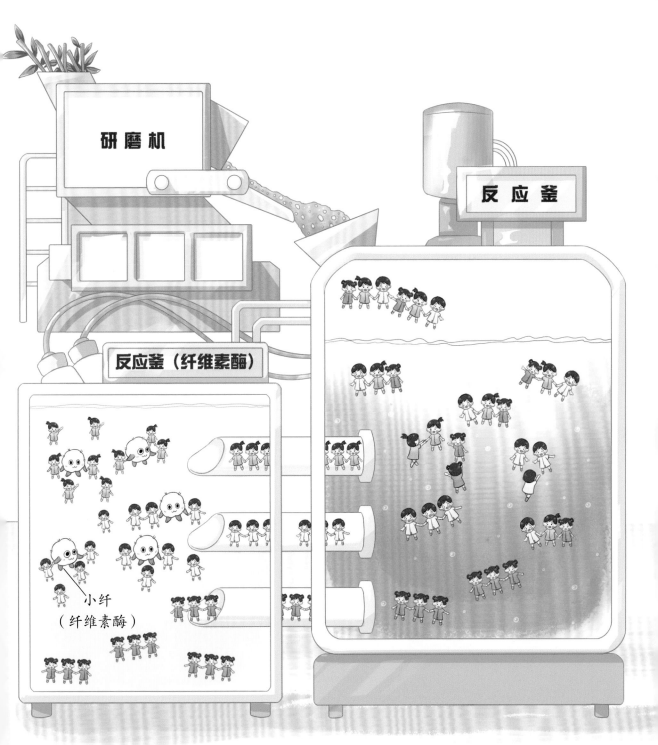

研磨机

反应釜

反应釜（纤维素酶）

小纤
（纤维素酶）

　　妹就会被分离出来。接着，我们让纤维素酶来帮忙，就可以把纤

　　维素和半纤维素转化成糖分子啦。

新　叶：我从没想到秸秆还能变成糖分子！

谭爷爷：是的，新叶，这就是生物制造的力量。

欢迎来到这个由发酵罐和蒸馏塔组成的奇妙场景。现在，让我们一起目睹乙醇的诞生吧！

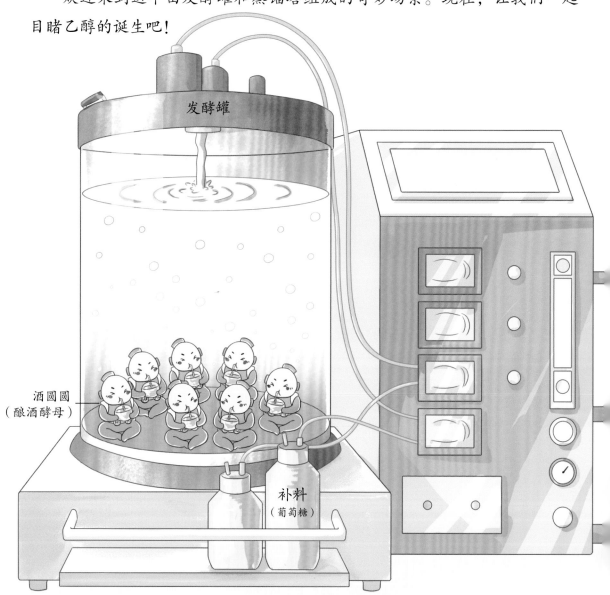

新　叶：谭爷爷，这些糖分子如何才能转化为乙醇啊？

谭爷爷：是这样的，新叶，我们有一群很特别的微生物朋友——酿酒酵母。它们非常喜欢吃糖，而且吃了糖以后，能帮我们生产乙醇。这就是我们所说的发酵过程。看！这就是它们的家——发酵罐，里面的液体中已经产生很多的乙醇了。

蒸馏塔

醇醇
（乙醇）

收集池

蒸汽

新　叶：谭爷爷，那乙醇怎么从这些液体里转化成我们可以用的燃料呀？

谭爷爷：好问题，新叶！我们把发酵的液体通入蒸馏塔，然后加热。乙醇受热会汽化，当乙醇气体上升到蒸馏塔的顶部时，由于那里比较冷，它们又会液化变回液体，最后流入收集池中。这样就得到了纯净的乙醇，可以用作汽车燃料了！

纤维素乙醇的优势

工人将由微生物发酵生产的纤维素乙醇进行收集并送往加油站。

新　叶：哇，以后我们就可以用纤维素乙醇作能源燃料了吗？

谭爷爷：是的，新叶，纤维素乙醇是一种由植物制成的环保燃料。因为它在使用过程中释放的二氧化碳会被新长出的植物再次吸收，所以不会产生额外的二氧化碳，形成了一个自然的碳循环。

二氧化碳

二氧化碳

新　叶：太好了！利用植物做燃料，真是一个令人惊奇的技术。我也要学
习更多科学知识，为保护地球尽我所能！

谭爷爷：很好，新叶！我们都能为环保作出贡献，利用像纤维素乙醇这样
的可持续燃料，为未来创造更多可能性！

科普小讲堂

　　今天，我们要来认识一个神奇的能源——纤维素乙醇！它来源于植物，是大自然的礼物。我们可以通过特定的生物化学过程，利用微生物发酵技术把植物中的纤维素转化为乙醇，这样我们就得到了一种新的燃料。纤维素乙醇的优点很多：它是一种可再生的燃料，只要我们种植植物，就能源源不断地制造纤维素乙醇；它可以为汽车提供动力，同时还能保护环境，减少污染。让我们一起期待纤维素乙醇的未来吧！

2. 废弃食用油的能源宝藏

文/黄 帅 方云明

图/赵 洋 刘国胜

废弃食用油的奇妙世界

　　谭爷爷和新叶跟着一辆废弃食用油收集车来到废弃食用油工厂，他们看到废弃食用油被倒进了一系列有趣的设备。

谭爷爷：新叶，废弃食用油中包含植物油脂，而植物是通过光合作用产生
　　　　油脂的，所以废弃食用油燃料也是一种生物质燃料。

新　叶：谭爷爷，那废弃食用油还真是个宝贝！我还想知道筛机是怎么去
　　　　除废弃食用油里的杂物呢？

谭爷爷：你看那个筛机像不像是一个过滤器？它里面有一个强大的滤网，
　　　　就像是一个巨大的捕虫网。废弃食用油里的杂物比如筷子、瓶盖
　　　　等会被滤网截留在上面，而液体则会通过滤网流下去。

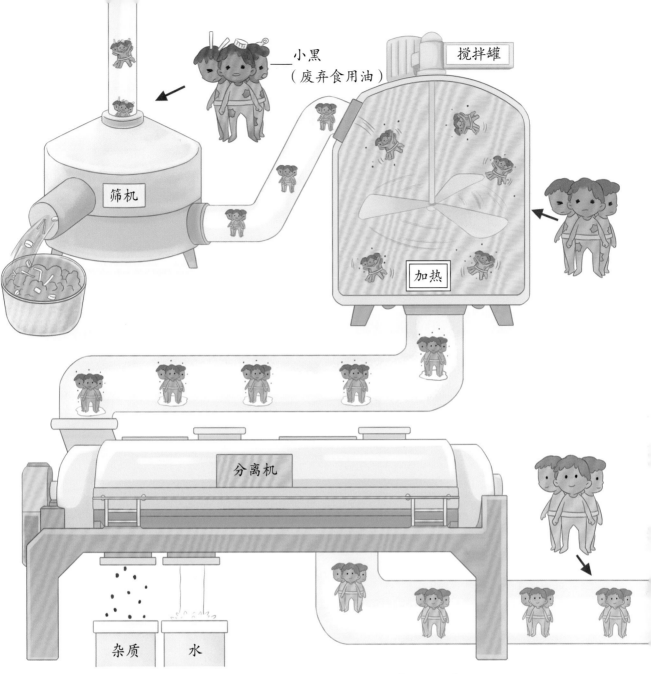

新　叶：原来是这样啊！那废弃食用油为什么还要在搅拌罐里进行加热呢？

谭爷爷：你看到废弃食用油身上的斑点了吗？那是黏附在它身上的固体小
　　　　颗粒杂质，加热可以使小颗粒从废弃食用油脱落下来。

新　叶：那最后用到的分离机是不是就像我们家里的洗衣机甩干衣服一样，
　　　　可以把废弃食用油周围的颗粒和水给甩出去，留下相对干净的废
　　　　弃食用油？

谭爷爷：没错，新叶，你真棒！

脂肪酸
长链羧基基团

甲甲
（甲醇）

小脂——
（脂肪酶）

甲基基团——

谭爷爷和新叶进入了一个巨大的搅拌罐，看到了废弃食用油和甲醇正在经历一些神奇的反应。

新　叶：谭爷爷，那些脂肪酶是做什么的呢？

谭爷爷：它们是一种生物催化剂。废弃食用油只有在脂肪酶存在的情况下才能和甲醇发生反应从而生成生物柴油！

小超人
（生物柴油）

新　叶：那脂肪酶是怎么让废弃食用油变成生物柴油的呢？

谭爷爷：你看，脂肪酶会让甲醇脱掉自身的氢氧基团（OH），同时使废弃
　　　　食用油变成三个脂肪酸长链羧基基团，最后脂肪酸长链羧基基团
　　　　和甲醇剩余的甲基基团连接在一起，就会变成一种新物质——生
　　　　物柴油。

两种能源的分离过程

　　谭爷爷又带着新叶走进了管式离心机的世界，他们看到从搅拌罐里运送过来的产物原料分成了三层。底层是脂肪酶，中层是甲醇，上层是生物柴油和废弃食用油。

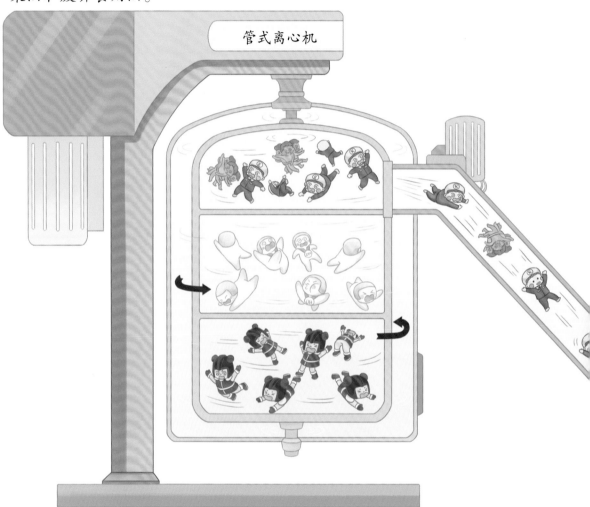

管式离心机

新　叶：谭爷爷，管式离心机为什么会分成三层呀？

谭爷爷：你看，除了生物柴油，这里还有刚才没参与反应的甲醇和废弃食用油，以及脂肪酶。离心机会像洗衣机一样，根据它们的密度，由小到大将它们甩成三层。因为生物柴油和废弃食用油都是油，密度较小，又能混合在一起，不分彼此，所以它们会在第一层。

新　叶：那为什么废弃食用油和生物柴油一起进入到精馏塔后，生物柴油

精馏塔

生物柴油收集池

会单独飞到塔的上面呢？

谭爷爷：因为这两种物质的沸点不同。生物柴油沸点低，就会先汽化成气体，上升到塔顶再液化流入收集池中，而沸点高的废弃食用油则以液体形式存在于入口底部。另外，精馏塔的塔板层数越多，我们能收集到的生物柴油的纯度就会越高！

迈向生物航空燃料的飞跃

　　由于生物柴油能量较低，并不能直接应用在飞机上，所以需要进一步发生加氢反应变成生物航煤。为了弄清楚生物航煤是如何生产出来的，谭爷爷带着新叶来到了催化剂大厅。

催化剂大厅

生物柴油 大胃王 比赛

氧原子

氢气

谭爷爷：新叶，你看，生物柴油吃的氢气越多，它的肌肉就越多，能量密度也会越高。

新　叶：谭爷爷，那生物柴油头顶上为什么会有冒着"氧"的小泡泡？

谭爷爷：因为氧原子会降低生物柴油的燃烧性能，所以需要通过吃氢气来去除氧原子。生物柴油吃的氢气越多，头顶冒出来的氧原子小泡泡也就越多。

高温 200℃

新　叶：谭爷爷，所有的生物柴油都能成为生物航煤吗？

谭爷爷：不是的，只有那些肌肉足够大，能量密度足够高，能够满足生物航煤能量标准的生物柴油才会被选为生物航煤。后期还需要通过精馏塔对这些肌肉大小不同的生物柴油进行筛选。

科普小讲堂

你们听说过废弃食用油吗？它对人体有害，还可能会增加人们患上癌症的风险，那应该怎么处理它呢？

我们要使用科学的手段，将废弃食用油转变成汽车和飞机所能使用的生物柴油和生物航煤，让汽车和飞机排放的二氧化碳更少，缓解温室效应，排放更少的颗粒物，减少雾霾。让我们一起努力，用科学知识健康快乐地生活在清澈湛蓝的天空之下，用科学改变生活吧！

3. 无形的能量

文 / 王耀强　陈必强

图 / 赵　洋　胡晓露

沼泽气体之谜

　　正值盛夏时分，新叶和谭爷爷到一片森林里开展研学活动，在一个水沟旁，新叶发现水面上咕噜咕噜地冒出气泡。

新　叶：谭爷爷，好端端的水面为什么会冒气泡呀？

谭爷爷：这些气泡是水底的微生物在厌氧条件下将有机生物质（掉落的树叶、水底死掉的植物、鱼虾等）转化产生的沼气。沼气的主要成分是甲烷，但它不溶于水，所以形成气泡上浮离开水面。沼气是一种生物气体燃料，如果我们划着火柴，就会把这种气体点燃。除了路边的小水沟，沼泽地也能见到这种气泡。

新　　叶：生物气体燃料只有沼气这一种吗？

谭爷爷：除沼气外，还有生物氢气。但生物氢气无法在自然界找到，我们可以利用微生物来生成氢气。新叶，我带你去一家生产生物氢气和沼气的工厂参观学习一下。

微生物合成生物气体燃料

谭爷爷和新叶来到一家利用生物质废弃物生产生物气体燃料的工厂。

新　叶：谭爷爷，沼气和生物氢气生产之间有什么关系吗？

谭爷爷：沼气的生产和生物氢气的生产是密不可分的。沼气的生产是在生物氢气生产的基础上，产甲烷菌能将产氢菌分解生物质所生成的有机酸、氢气和二氧化碳进一步代谢转化成以甲烷为主的沼气。

新　叶：哇！微生物可真厉害，能将生物废弃物变为生物气体燃料。谭爷
　　　　爷，这些生产出来的生物气体燃料能用在哪些地方呢？

谭爷爷：别着急，新叶，我先带你了解一下沼气的用途。

沼气的能源价值

　　顺着工厂沼气储气罐连接的管路，新叶和谭爷爷发现沼气管路分成了三个不同的去向，分别是发电厂、锅炉房和加气站。他们顺着通往加气站的管路来到一座沼气加气站，看到这里有不少汽车正在排队加注沼气。

锅炉房

发电厂

新　叶：谭爷爷，沼气也可以作为汽车的燃料吗?

谭爷爷：是的，沼气是一种可再生的生物气体燃料，它和汽油、天然气等不可再生的化石燃料相比更加环保。另外，输送给锅炉房的沼气通过直接燃烧可以为工厂提供热水和蒸汽等。输送给发电站的沼气通过燃烧发电，产生的电能能够作为电动汽车的动力。

新　叶：沼气原来有这么多用途呀! 那和它相比，氢气有什么用途呢?

谭爷爷：生物氢气是一种更加清洁的可再生气体燃料。正好在这附近就有一座加氢站，我带你去参观一下。

生物氢气的潜力

　　谭爷爷和新叶来到一座加氢站，一辆加完氢气的汽车从两人旁边驶过，汽车排气管留下一道水汽。

新　叶：谭爷爷，生物氢气和沼气相比有什么优点吗？

谭爷爷：虽然沼气也能用作汽车燃料，但是由于它含有碳元素，燃烧的时候会生成二氧化碳，而氢气燃烧的时候只会生成水。因此，生物氢气是一种更加清洁环保的可再生气体燃料。

新　叶：那这种车使用的燃料电池又是什么呀？

谭爷爷：这种车的动力来源是氢氧燃料电池——以氢气作燃料、氧气作氧化剂，通过氢气和氧气反应生成水，同时释放出电能作为汽车的动力。氢氧燃料电池具有转换效率高、容量大、比能量高、功率范围广、不用充电等优点。

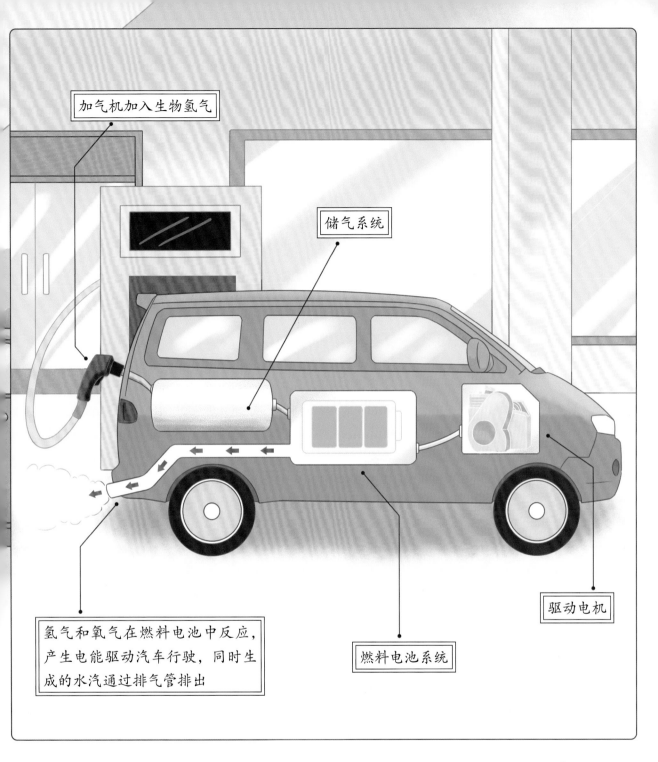

加气机加入生物氢气

储气系统

驱动电机

燃料电池系统

氢气和氧气在燃料电池中反应，产生电能驱动汽车行驶，同时生成的水汽通过排气管排出

谭爷爷：可再生的生物氢气燃料对我们解决化石能源枯竭、环境污染等问题都有非常大的意义。但是目前，生物氢气还没有大规模普及使用，距离生物气体燃料替代化石燃料还有很长的路要走，我们还需要为之努力。

科普小讲堂

　　生物气体燃料，主要包括生物氢气和沼气，都是由微生物分解可再生的生物质产生的。因此，与化石燃料不同，这种生物气体燃料是可再生的。

　　其中沼气常见于路边的水沟、沼泽地和农村的沼气池等，常用来发电照明、取暖、做饭等。生物氢气则是一种清洁、绿色的能源，并且氢气燃烧可产生远多于汽油的热量。以氢气作为燃料的汽车动力也更加强劲，且不会产生有害尾气，有助于保护环境。

4. 未来的生物制造能源世界

文/王 凯 黄 帅 王耀强 方云明

图/赵 洋 纪小红 胡晓露

让我们穿越时光长河，探寻出行方式的前世今生，见证科技的奇迹如何从脚步声和马蹄声中崛起，一步一轮地改变了人类的出行方式。

新　叶：谭爷爷，从古代的步行到现代的飞行，出行方式的变化真是令人惊叹。

谭爷爷：是呀，新叶。步行曾经是人们的唯一选择，随着时间的推移，人们发明了马车，从而实现了更远的出行。

新　叶：那自行车呢？它似乎是更方便的出行方式。

谭爷爷：没错，然而随着工业革命的到来，汽车的发展改变了交通的格局，
　　　　为城市带来了新的挑战。

新　叶：现代的飞机、轮船和火箭还连接了世界和宇宙呢！

谭爷爷：是的，新叶。飞机、轮船让人们能够跨越大洋，火箭让人们实现
　　　　了想飞向星空的梦想。

未来生物气体能源

在不久的未来，利用微生物分解生物质废弃物生产的生物气体燃料将成为主要能源之一。其中，以生物氢气作为动力燃料的氢氧燃料电池汽车也会成为主要的交通工具。

新　叶：谭爷爷，未来的交通工具会以氢气作为主要动力吗？

谭爷爷：没错，新叶。由于化石燃料是不可再生资源，并且对环境影响较大，燃油车可能会逐渐退出我们的生活，而与纯电动汽车的续航时间短、充电时间长、动力弱等相比，氢燃料汽车的动力强劲、续航时间长、清洁无污染等优点会使其更符合我们社会绿色可持续发展的需求。

加氢站

出行方式的未来发展

让我们一起预见未来，探索出行方式的新篇章，走向更快、更智能的未来出行之路。

谭爷爷：新叶，未来的出行方式将迎来巨大的变革。

新　　叶：是的，谭爷爷！飞行器和无人驾驶汽车似乎将成为我们的新选择。

谭爷爷：正是如此，飞行器不仅能缓解交通压力，还能实现跨城快速出行，将城市连接得更紧密。

新　　叶：那无人驾驶汽车呢？

谭爷爷：无人驾驶汽车利用先进技术，自动感知周围环境，可提高行驶安全性。

新　　叶：未来的出行方式真是令人兴奋，我期待能早些见证这一切呢！

生物质能驱动出行

在未来世界，生物能源引领出行的"绿色革命"，交通运输工具都在使用生物燃料，没有任何的污染排放物，到处都生机勃勃。

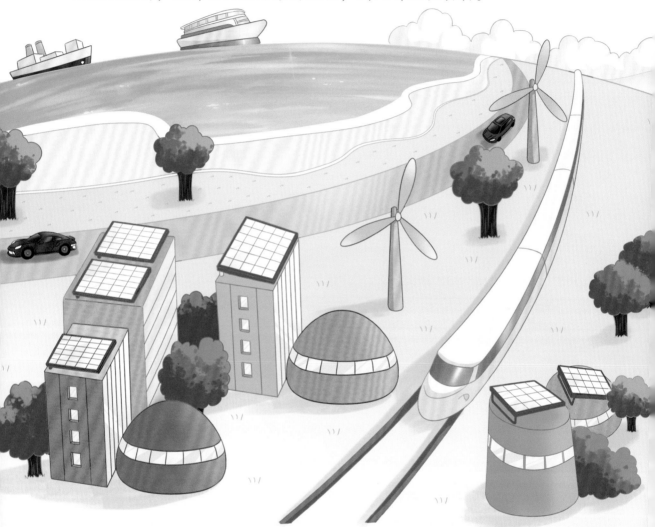

谭爷爷：新叶，你看！未来的地球上到处都是绿色植物通过光合作用产生生物质能，生物质能再转化成生物燃料，并应用到汽车、火车、轮船和火箭等交通运输工具上。并且，我们的发电、供暖都可以利用可再生能源，比如风能和太阳能。地球环境清新整洁、生机勃勃！

新　叶：哇，我真的好期待啊！

《 新叶词典 》

生物质能：生物质能是太阳能以化学能形式贮存在生物质中的能量形式，即以生物质为载体的能量。它直接或间接地来源于植物的光合作用，可转化为常规的固体、液体和气体燃料，是一种可再生能源。

科普小讲堂

生物制造能源，是我们进入可持续未来的一扇大门。这种源自生物的能源，通过生物化学反应从有机物中释放出能量，其应用具有巨大的环保价值，虽然它的生产过程中会产生二氧化碳，然而这些二氧化碳又会被植物通过光合作用吸收并释放氧气，形成一个自然的碳循环。令人惊叹的是，微生物能将温室气体二氧化碳作为原料进行生物制造，从而在应对全球气候变暖问题上，为我们提供了一个新的解决方案。